Die Verwerthung unserer äquatorialen Kolonien in West-Afrika.

Von

Dr. Willy Wolff.

Berlin.
Druck und Verlag von Georg Reimer.
1889.

Vorwort.

So häufig werde ich nach meiner Meinung über den Nutzen unserer afrikanischen Kolonien gefragt, daß ich schon allein aus Bequemlichkeitsrücksichten ein für alle Male eine bleibende Antwort geben müßte, wenn mich sonst keine anderen Gründe bewegen sollten; doch ich halte es für meine Pflicht die Kenntniß, die ich aus eigener Anschauung jener Länder gewonnen habe, zu verbreiten und möglichst zum Nutzen meines Vaterlandes zu verwerthen. Es war mir nicht vergönnt unsere sämmtlichen Kolonien in Afrika kennen zu lernen, meine Thätigkeit beschränkte sich auf die Aequatorialgegenden der Westküste. Da nun die Länder, die zwischen dem zehnten Breitengrade nördlicher und südlicher Hälfte liegen und im Osten von den großen Seen begrenzt werden, sowohl was das Klima und den Boden als auch die Fauna und Flora betrifft, sehr ähnlichen Verhältnissen unterliegen, da ferner die Charaktereigenschaften und die Kulturhöhe der diese Gegenden bewohnenden Völker überall ziemlich dieselben sind resp. auf gleicher Stufe stehen, so habe ich diesen Ländercomplex zusammengefaß und werde ihn unter dem Namen des äquatorialen West afrikas gemeinsam besprechen. Von deutschen Kolonien fal len auf diese Gegenden Kamerun und Togoland, von frem den Kolonien, die für uns von besonderem Interesse sind der Congostaat, der auf Grund von Verträgen für de deutschen Handel und Unternehmungsgeist ebenso offen steh wie für Belgien.

Ich habe mich nicht nur darauf beschränkt den augen blicklichen Nutzen dieser Länder für das Mutterland zu be sprechen, sondern nach bester Ueberzeugung Vorschläge ge macht, diesen Nutzen in der Zukunft zu vermehren. In wi weit das Richtige getroffen ist, dies zu beurtheilen, muß de Zukunft überlassen werden.

Dr. med. **Willy Wolff.**

I. Theil.

Die der Kolonisation entgegenstehenden Hindernisse.

I. Capitel.

Allgemeines.

Das neu entdeckte Afrika. Besitzergreifung der Kolonien. Schwierigkeiten. Kolonialer Optimismus. Mangel an wahren Kolonialfreunden.

Wer jetzt nach jahrelangem Aufenthalte in einem gänzlich von dem Verkehr abgeschnittenen, entlegenen Orte plötzlich wieder nach Europa zurückkehrt, muß den Eindruck gewinnen, als wäre ein zweiter Columbus erstanden und hätte einen neuen Welttheil entdeckt. Fast alle europäischen Staaten sind in Aufregung und haben neben der Sorge um ihre Selbsterhaltung nur noch einen Gedanken — Afrika! — Und trotzdem unsere Kenntniß von Afrika so weit reicht, als wir überhaupt im Stande sind zurück zu denken, so ist es doch der allerneusten Zeit vorbehalten gewesen, ja noch der zukünftigen Zeit aufgespart, einen ungeheuren Theil dieses Erdkolosses, einen Theil, der größer ist als Europa und Australien zusammengenommen, kennen und nützen zu lernen. Erst jetzt haben die europäischen Mächte sich in den größten Theil von Afrika getheilt, sofern sie nicht noch bei der Vertheilung begriffen sind. Hat nun auch die Verfügung über

Länderstrecken am grünen Tische einer diplomatischen Conferenz keine besonderen Schwierigkeiten, so ändert sich dieses Bild gewöhnlich in Afrika sehr schnell, sobald die Staaten die Consequenzen aus dem für sich in Anspruch genommenen Rechte ziehen wollen. Der Besitzergreifung der afrikanischen Länder stellen sich mitunter größere Hindernisse entgegen. Bedauerlicherweise sind es nicht in den seltensten Fällen die europäischen Staaten selbst, die sich Steine in den Weg legen. In manchen Gegenden sind es die Araber welche die Beschlüsse der europäischen Diplomatie nicht anerkennen wollen und sich freiwillig nicht ihr Gewohnheitsrecht, den Neger in jeder Richtung auszubeuten, nehmen lassen wollen. Endlich sind es allerdings in den seltensten Fällen die Eingeborenen, welche der Besitzergreifung, zumal wo dieselbe nicht in verständiger und schonender Weise geschieht, aus sich heraus einen nennenswerthen Widerstand entgegensetzen.

Allein in jedem Falle ist es nicht die Besitzergreifung die den europäischen Staaten Schwierigkeiten macht, sondern es ist die geradezu brennende Frage, wie kann der Besitz verwerthet werden, deren Lösung man bisher, zumal was die neuen Besitzungen anbetrifft, nicht viel näher gekommen ist.

Wie machen wir aus den afrikanischen Besitzungen eine für das Mutterland nützliche und einträgliche Colonie? Die Beantwortung dieser Frage, soweit sie sich auf das äquatoriale Westafrika bezieht, soll der Zweck dieser Schrift sein.

Der praktischen Verwerthung des äquatorialen Westafrika stellt sich eine Kette von Schwierigkeiten entgegen vie sie in dem Maaße bei keinem der bekannten großen olonialen Gebiete der übrigen Welttheile vorhanden gewesen st. Ein oder das andere Glied hat stets in dieser Reihe von ungünstigen Verhältnissen gefehlt.

Es lassen sich die einer gewinnbringenden Ausnutzung ieser Länder entgegenstehenden Momente in drei Factoren, ie ihrerseits wieder einen vierten bedingen, eintheilen. Dieelben sind:

1. Ungesundes Klima für Europäer.
2. Arbeitermangel.
3. Sehr bedingte Fruchtbarkeit.
4. Geldmangel.

Diesen thatsächlichen Schwierigkeiten der Verwerthung eiht sich noch eine ideelle an; nämlich der außerordentliche Optimismus, der gerade in Bezug auf die afrikanischen Beitzungen herrscht. Sind diese außerordentlich hohen Erwarungen, die man an diese Länder stellt in Folge überschwängicher Berichte einiger Forschungsreisenden entstanden? sind ie das Werk einiger Reklamehelden, die persönlichen Vorheil durch falsche Vorspiegelungen der unerschöpflichen Schätze von einigen Bethörten zu erlangen hoffen? oder waren diese übertriebenen Schilderungen nothwendig um das Interesse für Afrika zu erwecken? das wollen wir dahingestellt ein lassen; Thatsache ist, daß gerade hier die Erwartungen n einer Weise hoch geschraubt worden sind, die jeder Vernunft und Logik zuwiderläuft; hier glaubt man immerfort rndten zu können, ohne jemals säen zu brauchen. Tritt un, wie das bei solchen Voraussetzungen gar nicht anders u erwarten ist, ein Mißerfolg ein, so schlägt der Optimismus sofort in das Gegentheil um, an seine Stelle tritt di größte Muthlosigkeit. Aus den überschwenglichen Kolonial enthusiasten sind die erbittersten Kolonialfeinde geworden So ist es zu erklären, daß die breite ruhig und gerecht den kende Masse fehlt, die nicht enttäuscht wird, weil sie sic keinen unerfüllbaren Hoffnungen hingiebt. Dieser Mange an wirklichen Kolonialfreunden ist ein nicht zu unterschätzen der Factor bei unsern kolonialen Bestrebungen. Für ein ruhige nüchterne Auffassung und Besprechung der afrikani schen Verhältnisse ist kein Publikum vorhanden. Will ma nicht auch in den allgemeinen Kolonialparoxysmus mit ein stimmen, so macht man es Keinem recht, dem Einen sag man zu wenig, dem Andern zu viel. Wir sind uns dahe wohl bewußt, eine scheinbar undankbare Aufgabe zu über nehmen, wenn wir frei von jedem falschen Enthusiasmu sine ira et studio die Verhältnisse des tropischen Westafrik einer Besprechung unterziehen; allein wir sind der Ansicht daß es geradezu eine unabweisbare Pflicht derer ist, di aus eigener Anschauung jene in nebelhafte Sage gehüllte Länder kennen gelernt haben, möglichst ihre Meinunge über das Für und Wider zu äußern, denn nur durch allge mein verbreitete Kenntniß der einschlägigen Verhältniss wird den fabelhaften Vorstellungen der Boden entzogen un für eine ruhige und verständige Auffassung geebnet.

Hatten wir nun in unserer Reisebeschreibung*) de

*) Von Banana zum Kiamwo. Eine Forschungsreise in Wes afrika im Auftrage der Afrikanischen Gesellschaft in Deutschland vo Dr. med. Willy Wolff. Oldenburg und Leipzig 1889, Schulze'sch Hofbuchhandlung (A. Schwartz).

Zweck verfolgt, den Neger in seinem Denken und Handeln zu charakterisiren, und den Hyperenthusiasmus der Colonialeiferer etwas zu dämpfen, so soll diese Schrift die Verhältnisse, die speziell bei einer Kolonisation dieser Länder in Betracht kommen, erörtern. Wir wollen zusehen, ob die schon eingangs erwähnten Schwierigkeiten, die der Kolonisation entgegenstehen, beseitigt werden können, resp. ob trotz derselben es dennoch für das Mutterland von Nutzen sein kann, diese Länder zu kolonisiren, und eventuell in welcher Weise dies zu geschehen hätte.

II. Capitel.

Das Klima.

Krankheiten. Keine Auswanderung.

Die erste Schwierigkeit, deren wir Erwähnung thaten, war das für Europäer ungünstige Klima.

In der Hauptsache sind es zwei Krankheiten, unter denen die Europäer zu leiden haben, die Malaria und Krankheiten des Verdauungssystems, welche letztere sich namentlich in schweren Darmkatarrhen und Dysenterien äußern.

Es giebt wohl kaum einen Europäer, der nach längerem Aufenthalte im äquatorialen Westafrika nicht von diesen Krankheiten zu leiden gehabt hätte. Ein geringer Theil der Europäer erliegt dem Klima, ein anderer Theil muß nach kürzerem Aufenthalte, will er der Gefahr des Todes entgehen, das Land auf immer verlassen, ein dritter Theil erträgt das Klima ganz leidlich, wenn er sich stets nach zwei- bis dreijährigem Aufenthalte wieder einige Zeit in Europa erholen kann. Nur Ausnahmen können ohne besondere Gefahr für ihr Leben lange Zeit ohne Unterbrechung dort aushalten.

Man hört wohl öfter den Trost: „Hier zu Lande sterben die Menschen an Tuberkulose, dort dafür an Malaria.“ So verführerisch dieser Vergleich scheint, so oberflächlich und falsch ist er; er würde vielleicht auf die Europäer hier im Vergleich zu den Negern dort anwendbar sein, allenfalls noch auf die als Ausnahme hingestellten Europäer passen, also auf Leute, die nach langer Zeit der Arbeit schließlich dem Klima erliegen. Stirbt doch auch hier nur der geringste Theil der Menschen an Alterschwäche, während bei weitem die meisten an Krankheiten, und zwar ein größerer Theil an Tuberkulose, als an allen andern Krankheiten zusammengenommen, zu Grunde gehen. Allein man darf nicht vergessen, daß ein großer Procentsatz von diesen Menschen ein hohes Alter in harter Arbeit erreicht hat, ehe er von diesem Leiden dahingerafft ist.

Wenn eins von den angepriesenen prophylaktischen Mitteln gegen die Malaria sich zweifelsohne bewährt hätte oder wenn unsere medikamentöse Behandlung der Malaria und der Dysenterie stets von sicherem Erfolge gekrönt würde so könnten wir getrost dem Klima trotzen; leider ist dies nicht in dem Grade der Fall, wie wir es wohl wünschten.

Allerdings wollen wir nicht verhehlen, daß durch einrationelle Lebensweise, durch verständige Körperpflege, durch die Fortschritte in der Therapie*) die Gefahr vermindert wird und schon in gewissem Grade vermindert ist.

Weitere Hoffnungen die klimatischen Einflüsse abzuschwächen setzt man auf die Fortschritte der Bodenkultur. Mag es nun immerhin wahr sein, daß die Malaria in dem Verhältniß abnimmt, in dem die Fläche des kultivirten Bodens zunimmt, so würden wir einen merklichen Einfluß der Kultur in Anbetracht der immensen Bodenfläche immerhin erst in später Zukunft erwarten können.

Wir werden nicht umhin können die Ungunst des Klimas für Europäer anzuerkennen und die Consequenzen daraus zu ziehen. Dieselben liegen auf der Hand: fordert das Klima einen gewissen Procentsatz der Europäer an Opfern, so werden wir die Zahl der dort lebenden Europäer möglichst einschränken müssen. In die Praxis übersetzt heißt dies, wir werden nicht unserer Landbevölkerung den Rath geben, dorthin überzusiedeln um ihren Beruf in dem heißen üppigen Klima auszuüben, sondern wir werden den Eingeborenen die Arbeit überlassen und selbst nur die Aufseher sein, die Leiter, die ihrer Arbeit die gewünschte Richtung geben. Ein kleiner Theil von Europäern wird stets vorhanden sein, der mehr daran setzt als der Durchschnitt, um mehr zu gewinnen. Ja vielleicht ist es ein Glück für Einige,

---

*) Wir wollen auch hier, trotzdem es nicht in den Rahmen dieser Schrift paßt, darauf hinweisen, daß durch rechtzeitige Anwendung von Chinin, wie wir sie in der oben erwähnten Reisebeschreibung angegeben haben, manche schwere Erkrankung und mancher unglückliche Ausgang vermieden werden kann.

die in Europa sich nicht wohl fühlen, denen Europa zu eng ist, dorthin einen Abzug finden zu können. So wirken jene Gebiete gleichsam als Sicherheitsventil für allzu thatendurstige Europäer.

III. Capitel.

Der Arbeitermangel.

Geringe Bevölkerung. Sklavenhandel. Vortheil der schwachen Bevölkerung und des schlechten Klimas für das Mutterland. Verwerthung der Arbeitskraft.

Wenn nun, wie sich ergeben hat, Europäer nicht in Massen nach dem äquatorialen Westafrika auswandern dürfen, um dort Ackerbau zu treiben, überhaupt Arbeit zu verrichten, sind denn genug Eingeborene vorhanden, die diese ungeheuren Flächen kultiviren können? Diese Frage müssen wir entschieden verneinen; nach unsern Erfahrungen und den Berichten anderer Forscher sind mit geringen Ausnahmen diese Gegenden nur dünn bevölkert. Es kommt hinzu, daß die Forscher im Allgemeinen noch den Eindruck einer dichteren Bevölkerung gewinnen müssen, als in der That vorhanden ist, denn sie dringen gewöhnlich auf alten Karavanenstraßen vor, die darum dichter bewohnt sind als das übrige Land, weil einerseits die Eingeborenen von den Karavanen Vortheil ziehen, andrerseits die Karavanen auch bevölkerte Gegenden bevorzugen, sei es um überhaupt Lebensunterhalt zu finden, sei es um Geschäfte zu machen

Zweitens aber strömen um den weißen Forscher dessen Gegenwart sich sehr schnell unter den Negern verbreitet, die Eingeborenen von der ganzen Umgegend zusammen und zwar entweder nur aus Neugierde oder auch um ihn am weiteren Vordringen zu hindern.

Der nächstliegendste Grund für die geringe Bevölkerung könnte nun der sein, daß auch dem Neger das Klima nicht zuträglich sei, er sich in Folge dessen nicht hinreichend fortpflanzen könne; dies ist jedoch nicht der Fall, im Gegentheil, wie es allen dortigen Europäern wohl bekannt ist, verträgt der Neger das Klima sehr gut, wenn er auch nicht gänzlich vom Fieber verschont ist; ebenso wenig sind es die reißenden Thiere und giftigen Schlangen, die die Schwarzen decimiren. Wir müssen uns nach einem anderen Grunde umsehen. Nun wir brauchen nicht lange danach zu suchen, sondern nur unserm Gedächtnisse etwas zu Hülfe zu kommen. Wir Europäer selbst tragen einen nicht geringen Theil der Schuld an der schwachen Bevölkerung. Vielleicht erinnern wir uns, daß wir noch bis vor 30 Jahren den blühendsten Sklavenhandel an der Westküste getrieben haben, und daß erst seit den 60ger Jahren der offizielle Sklavenhandel unterdrückt wurde, daß das ganze tropische Amerika nur durch afrikanische Neger kultivirt worden ist. Wer sich aber ungefähr ein Bild davon machen kann, wieviel Neger dahingemordet werden, um 1000 Sklaven nach der Küste zu bringen, der wird sich nicht mehr wundern, daß nach Jahrhunderte langer Sklavenjagd diese Länder arm an Menschen sind; im Gegentheil er wird überrascht sein, noch eine verhältnißmäßig so zahlreiche Bevölkerung vorzufinden. Erst der allerneusten Zeit, erst diesem Jahre ist es vorbehalten gewesen ernstlich gegen den Sklavenhandel an der Ostküste Afrikas vorzugehen. Hoffentlich werden wir diese dringendste Aufgabe der Humanität zu einem ruhmvollen Ende führen. Langsam wie das Meer nach einem Sturme sich beruhigt, wird der Sklavenhandel, nachdem ihm überall die Nahrung entzogen, die Absatzquellen vernichtet worden, auch im Innern Afrikas einschlafen, die grausamen Menschenjagden werden aufhören. Nach einem Jahrhundert wird es zur Mythe geworden sein, daß jemals ein Menschenhandel möglich war. Es wird zu unserm und der Neger Glück ein neues Zeitalter für Afrika beginnen. Wo wir jetzt noch wüste menschenleere Einöden sehen, werden unsere Nachfolger sicher grüne Wälder, üppige Felder und eine frohe, reiche Bevölkerung finden. War es vielleicht nöthig, daß erst das fruchtbare Amerika durch das Blut und den Schweiß der Afrikaner für uns Europäer erschlossen wurde, so brauchen wir jetzt die Afrikaner um das weite Afrika für uns nutzbar zu machen. Seien wir daher stets dessen eingedenk, daß ein jeder Neger, der dahingemordet wird, für uns ein Verlust an Arbeitskraft und in weiterer Folge an Brod ist.

Bisher haben wir von der geringen Einwohnerzahl als von einem Nachtheil für die Verwerthung dieser Gebiete gesprochen, doch kann man diesen Umstand auch von einem vollständig entgegengesetzten Gesichtspunkte aus betrachten; ganz abgesehen davon, daß immerhin eine recht erkleckliche Einwohnerzahl vorhanden ist, wenn sie auch auf den Quadratkilometer vertheilt sehr gering, also relativ gering ist. Es darf eben nicht übersehen werden, daß diese Flächen unendlich groß sind, daß z. B. Deutschland im Verhältniß zu dem äquatorialen Afrika der Größe nach nicht viel mehr als eine Oase in der Wüste zu bedeuten hätte.

Die geringe Bevölkerungszahl hat auch für uns ihre guten Seiten, denn setzen wir den Fall, diese Gegenden wären stark bevölkert, und das gesammte Gebiet sofort für uns erschlossen und nutzbar gemacht, so würde eine außerordentlich große Ueberproduction entstehen, deren nachtheilige Folgen auf wirthschaftlichem Gebiete gewiß nicht ausbleiben dürften; ferner würde uns ein viel größerer Widerstand bei der Besitzergreifung des Landes entgegengesetzt werden; wir würden bedeutend mehr Opfer an Menschenleben und Geld bringen müssen als unter den jetzigen Verhältnissen. Je dichter das Land bevölkert ist, um so näher liegt der Zeitpunkt, in dem die Einwohner ihre Bodenerzeugnisse selbst in Anspruch nehmen müssen und keine Rohproducte gegen Industrieerzeugnisse abgeben können. Die Gewinnung von Rohproducten aus den Kolonien, das ist es aber gerade, was wir erstreben müssen; denn je mehr die Bevölkerungszahl in Europa wächst, um so weniger ist auch unser Land im Stande den Bedarf an Lebensmitteln selbst zu produciren, und um so dringender sind wir auf fremde Länderstrecken angewiesen. Es zeigt daher von großer politischer Kurzsichtigkeit derer, die gegen jede Kolonisation unwirthlicher Länder eifern. Gerade die Länder, die ein ungesundes Klima für die Europäer und eine geringe Einwohnerzahl haben, sind für das Mutterland in gewissem Sinne von größerem, nachhaltigem Vortheil, als die mit gesundem Klima und starker Bevölkerung; denn letztere werden durch großen Zuzug von Europäern kolonisirt und werden sich in absehbarer Zeit vom Mutterland unabhängig machen, während erstere nur auf die Arbeit der Eingeborenen angewiesen sind, sich bei einigermaßen verständiger Behandlung niemals vom Mutterlande losreißen können und solange für dasselbe von Vortheil sind, als sie mehr Rohproducte liefern, wie zum Lebensunterhalte der Eingeborenen nothwendig sind. Letzteres ist aber bis in unberechenbarer Zukunft gesichert.

Und zwar werden wir, was die Bodenbearbeitung betrifft, drei große Abschnitte durchmachen müssen, zuerst wird es uns darum zu thun sein, mit möglichst geringer Arbeitskraft möglichst große Bodenflächen nutzbar zu machen; in späteren Jahren, wenn die Neger unter unserem Schutze sich vermehrt haben, und dadurch die Arbeitskraft hinreichend vergrößert ist, werden wir suchen ungeachtet der Arbeitsmenge den denkbar größten Gewinn aus dem Boden zu ziehen. Und erst, wenn trotz der durch verschwenderische Arbeit erreichten hohen Bodenkultur diese Tropengegenden nicht mehr produciren können, als die inzwischen sich sehr stark vermehrte Bevölkerung zum Lebensunterhalte gebraucht, erst dann werden diese Kolonien aufhören für das Mutterland von Vortheil zu sein. Man wird uns zugeben, daß dieser Zeitpunkt bei diesen ungeheuren Länderstrecken erst in spätester Zukunft eintreten kann. — Was dann geschehen soll, dafür lassen wir die Zukunft sorgen! Vielleicht haben wir dann schon gelernt aus anorganischen Stoffen Mehl und Fleisch herzustellen und essen allmählich den Boden unter unseren Füßen auf.

Vorläufig sind wir zu dem Resultate gekommen, daß viel Boden aber wenig Arbeitskraft in Form von Menschen vorhanden ist, wir daher mit der Arbeitskraft sparen müssen, mit dem Boden dagegen verschwenderisch sein können, das heißt: wir sollen nicht den größtmöglichen Ertrag aus dem Boden, sondern den größtmöglichen Ertrag aus der Arbeit ungeachtet der Bodenverschwendung ziehen. Das geschieht aber durch Forstkultur und Viehzucht; insofern bei ersterer die menschliche Arbeit nur einmal bei der Pflanzung auf Jahrhunderte hinaus thätig ist, bei letzterer unter Umständen überhaupt kaum thätig zu sein braucht.

IV. Capitel.

Die Vegetation.

Oede. Sklavenjagden. Küstenring. Handel. Raubbau. Oelpalme. Kautschuklianen und andere Pflanzen. Zukunftspläne. Schlußfolgerungen.

Waren wir im vorigen Capitel auf Grund des Arbeitermangels zu dem Schlusse gekommen, Forstkultur und Viehzucht zu treiben, so wird es jetzt unsere Aufgabe sein, festzustellen, in wie weit die viel besprochene Unfruchtbarkeit dieser Länder diese Forderungen zuläßt.

Gewiß wird ein Jeder, der mit den Vorstellungen, die wir hier zu Lande von der tropischen Ueppigkeit haben, zur Trockenzeit nach der äquatorialen Westküste, speziell vielleicht nach dem Togolande oder dem unteren Congogebiete kommt, äußerst überrascht sein, dort eine trostlose Oede zu finden, eine

Oede, die um so verblüffender wirkt, als sie erstens viel ausgesprochener ist als bei uns im Winter, denn hier sieht man doch ab und zu frische grüne Saatfelder, während dort nur kahle, abgebrannte oder trockne, gelbe Flächen das Auge ermüden, zweitens ganz grundlos vorhanden zu sein scheint, insofern die Kälte, die bei uns zu Lande als Grund für den Untergang der Vegetation angesehen wird, unmöglich dort die Ursache der Oede sein kann.

Allein auch in der Regenzeit, der fruchtbaren Zeit, gewinnt man an manchen Orten nicht den Eindruck der Fruchtbarkeit, weithin sieht man nichts als Gras und auch dieses nicht einmal überall sehr üppig gediehen, weit und breit ist kein Baum zu sehen; man wird sich dann nur schwer der Logik entziehen können, daß hier kein Baum wächst, weil die Verhältnisse für die Vegetation zu ungünstig sind, allgemein gesagt, der Boden zu unfruchtbar ist. Wir selbst haben uns anfänglich dieser scheinbar zwingenden Schlußfolgerung nicht entziehen können; doch sehen wir uns einmal um, ob nicht andere triftige Gründe als die Unfruchtbarkeit des Bodens für die Oede vorhanden sind.

Sämmtliche Geschichtsschreiber berichten uns übereinstimmend, daß es in Deutschland nach dem dreißigjährigen Kriege unendlich traurig und öde ausgesehen habe. Nur ein geringer Theil des Ackers konnte bestellt werden, es fehlte an Menschen, Vieh und Geräthschaften, endlich auch an Lust zur Arbeit, an Energie. Wenn ein Krieg von dreißig Jahren aus einem blühenden, reichen Lande eine Einöde machen kann, wie muß erst ein Land aussehen, in welchem seit mehr denn einem Jahrtausend der Krieg unaufhörlich gewüthet hat! Waren es in alter Zeit nur Räubereien an der Küste, von denen die Neger heimgesucht wurden, so gestalteten sich dieselben mit Ausbreitung des Islam schon zu planmäßigen Menschenjagden; mit der Entdeckung Amerikas jedoch ist für Afrika die verhängnißvollste Zeit hereingebrochen. An der Westküste wurden die Neger von den Europäern gejagt, an der Nord- und Ostküste von den Arabern, im Innern ein Negerstamm von dem andern. So wird der Neger überall wie ein Wild gesetzt oder stellt, selbst der Menschenjäger, seinen Nachbarn nach. In keinem Falle hat er Ursache oder Muße sein Feld sorgsam zu bestellen. Ein Jagdvolk, zumal ein Volk, das einer so blutigen Jagd obliegt, treibt keinen Ackerbau, es gewinnt im Kampfe schneller als der Boden die Frucht reifen kann; das schwächere gejagte Volk hat keine Muße, mehr, als es unbedingt zum Lebensunterhalte gebraucht, anzubauen, es lebt stets in der Gefahr Haus und Hof verlassen zu müssen, mit Hab und Gut in die Wälder und Schlupfwinkel zu flüchten.

Wie sehr der Neger noch jetzt stets auf einen feindlichen Ueberfall gefaßt ist und demgemäß seine Maßregeln getroffen hat, sieht man bei der Auswahl der Wohnsitze. In vielen Gegenden liegen die Dörfer nicht an den Flußläufen im Thale, sondern hoch oben auf den Bergesgipfeln, von denen man eine weite Umschau halten kann. Die Felder liegen entweder dicht am Dorfe, um mit demselben vertheidigt zu werden, oder weit ab im Walde versteckt. In anderen Gegenden wieder liegen auch die Dörfer vollständig im Walde verborgen, sind befestigt und durch Irrwege geschützt.

Bisher haben nur an der Westküste Afrikas die Sklavenjagden seit einiger Zeit aufgehört. Doch ist auch hier noch die Zeit der Jagden in ganz frischer Erinnerung. Der Europäer hat nur nöthig auf einem von Weißen bisher unbegangenem Pfade nach dem Innern vorzudringen, so wird er sich überzeugen, daß er noch heute als Sklavenjäger entweder geflohen oder bekämpft wird. Das ist auch der Grund, daß die Forscher bei ihrem ersten Erscheinen gewöhnlich sehr mißtrauisch von den Eingeborenen empfangen und so häufig bekämpft werden, während sie bei Wiederholung ihres Besuches von denselben Leuten sehr freundlich aufgenommen werden.

Es würde sich die Nachricht, daß die Weißen auf der Westküste keinen Sklavenhandel mehr treiben, schneller als es bisher in den meisten Gegenden geschehen ist, verbreiten wenn die Küstenbewohner als Zwischenhändler nicht selbst ihren Vortheil darin sähen, die weiter im Inland wohnenden Eingeborenen von dem directen Verkehr mit den Europäern abzuhalten. So lassen sie einerseits die Hinterländer in den alten Glauben von der Gefährlichkeit der Europäer, während sie wieder letztere möglichst zu verhindern suchen zu jenen vorzudringen.

Trotzdem nun, wie erwähnt, bis vor Kurzem hier der eifrigste Sklavenhandel getrieben wurde, trotzdem der etwa von der Küste entfernt wohnende Neger noch nicht von den friedlichen Absichten des bis dahin gefürchteten Europäer überzeugt ist, trotzdem noch in seiner nächsten Umgebung die blutigsten Sklavenjagden abgehalten werden, trotz Allem sehen wir mit Erstaunen, wie in wenigen Jahren der Handel an der Küste zugenommen hat, welche enorme Quantitäten von Kautschuk, Erdnüssen, Palmnüssen und Palmöl schon jetzt von dort exportirt werden.

Man wird füglich von einem Lande, das nach wenigen Jahren verhältnißmäßiger Ruhe unter recht ungünstigen Verhältnissen einen so bedeutenden Export an Bodenerzeugnissen zu verzeichnen hat, nicht sagen können, daß es unfruchtbar sei. Wenn trotzdem ein großer Theil des Landes und speciell einige Küstenstriche recht öde aussehen, so hat dies noch besondere Gründe. Der Neger treibt noch nach wie vor Raubbau; er brennt ein Stück Wald nach dem andern nieder, um seine Feldfrüchte auf diesem Boden zu bauen. Auf solche Weise schmelzen nicht nur die Waldungen zusammen, sondern durch den Mangel an Feuchtigkeit und Niederschlägen, der stets mit der Abnahme der bewaldeten Flächen im Lande gleichen Schritt hält, wird auch die ganze Umgegend unfruchtbarer. Dazu kommt noch, daß die dortige Unsitte, das hohe Gras, sobald es trocken geworden, abzubrennen, den jungen Baumnachwuchs tödtet und auf diese Weise das spontane Entstehen neuer Wälder verhindert.

Einige Gegenden allerdings müssen in der That mit vollem Rechte unfruchtbar genannt werden, so einige schmale Küstenstriche, unter denen uns speciell die Küste des Togolandes in Erinnerung geblieben ist, doch gilt dies nur für einen schmalen Saum am Meere. Auch das steile Congoufer oberhalb Boma ist öde, doch ändert sich diese Bodenbeschaffenheit schon auf den dem Wasser abgewandten Seiten dieser Berge.

Einer der einträglichsten Bäume, den wir überhaupt kennen, ist die Oelpalme (Elaëis), dieselbe bringt jährlich drei bis vier Fruchtstände hervor, die ihrerseits zusammen ca. 30 Kilogramm Früchte*) mit durchschnittlich 2,94 Kilogramm Fruchtöl und 3,94 Kilogramm Kerne geben. Dies entspricht nach den jetzigen Marktpreisen in Europa ungefähr einem Werthe von 2 Mk. 50 Pf. Nach dem 6ten Jahre trägt die Oelpalme Früchte. Dieser Baum wird in Westindien, Südamerika, Ceylon und den ostindischen Inseln angepflanzt, seine eigentliche Heimath jedoch ist das äquatoriale Westafrika. Man findet ihn hier überall verstreut, doch niemals in größeren Beständen, wir erinnern uns nicht je 100 zusammenstehende Bäume gesehen zu haben, sein gewöhnlicher Standort sind die Dörfer oder deren unmittelbare Nähe, vereinzelt steht er auch in den Wäldern.

Ein Jeder, der nur einigermaßen mit den Verhältnissen im äquatorialen Westafrika vertraut ist, wird ohne Besinnen sofort zugeben, daß mit nur geringer Mühentfaltung die Anzahl der Bäume verhundertfältigt, ja vertausendfältigt werden könnte.

Wenn diese Palmen sich nicht freiwillig in dieser Weise vermehren, so liegt dies nicht etwa an der schlechten Bodenbeschaffenheit oder klimatischen Verhältnissen, sondern erstens an den Grasbränden, die die jungen Pflanzen auf der Savane vernichten, zweitens an ihrer Eigenschaft im Walde zu ersticken, indem nur die Bäume, die in Folge günstiger Verhältnisse frühzeitig ihre Umgebung überragen, am Leben bleiben.

---

*) Nach den Durchschnittsberechnungen von Dr. E. Pechuël-Loesche Die Loango-Expedition, III. Theil, I. Hälfte. Leipzig. Verlag von P. Froberg.

Andere sehr einträgliche einheimische Gewächse sind die Kautschuk liefernden Pflanzen, so verschiedene Euphorbiaceen und vor Allem die immergrüne Liane Landolphia florida. Leider wird auch sie durch den rücksichtslosen Raubbau in den Küstenstrichen immer seltener, doch bedarf es nur einer einsichtsvolleren Behandlung seitens der Eingeborenen, um sie wieder in ihrer früheren Stattlichkeit entstehen zu lassen.

Das dritte einheimische Handelsprodukt ist die Erdnuß (Arachis), im Gegensatze zu den beiden erstgenannten ein Kulturgewächs, das jedoch überall im äquatorialen Westafrika bei verhältnißmäßig recht geringer Pflege gedeiht.

Von untergeordneter Bedeutung für den Handel scheint der Rothholzbaum (Baphia nitida) zu sein, der sehr zahlreich einige Kilometer von der Küste entfernt in den Bergen wächst.

Von einheimischen Handelspflanzen, die nur vereinzelt oder wenigstens nur an ihnen besonders zuträglichen Stellen wild wachsen, wollen wir den Kaffeebaum, das Zuckerrohr, den Baumwollenstrauch, die Ricinusstaude und verschiedene Arten von Pfeffersträuchern erwähnen.

Als einheimische Nährpflanze dienen den Eingebornen neben den Erdnüssen hauptsächlich die verschiedenen Bananenarten.

Hieran schließt sich die vom tropischen Amerika eingeführte Maniokpflanze (Manihot utilissima), die in Afrika eine derartige Verbreitung gefunden hat, daß sie jetzt als das Hauptnahrungsmittel der Eingeborenen angesehen werden kann. Ferner spielt der Mais als Nahrungsmittel der Eingebornen eine Rolle, den wir auf dem verschiedensten

Boden, sowohl auf dem Sande als auch auf dem Laterite, in gleicher Ueppigkeit gefunden haben. Von eingeführten Früchten, die heimisch geworden sind, ist vorzüglich der Melonenbaum und die Ananas zu nennen; letztere fanden wir von der Küste bis zu unserem Endziel, dem Quangofluß, in lichten Wäldern an feuchten schattigen Plätzen in großen Massen; ferner die Mongopflaumen, Orangen, Limonen, Tomaten, Wassermelonen.

Dies sind bei weitem nicht sämmtliche einheimische und eingeführte Nutzpflanzen, sondern nur die besonders wichtigen resp. die bekanntesten.

Wir haben uns bisher nur an das Thatsächliche gehalten und als Maßstab für die Fruchtbarkeit Pflanzen angeführt, die augenblicklich dort vorhanden sind, doch darf man nicht vergessen, daß mit großer Wahrscheinlichkeit, ja mit Sicherheit, noch viele Nutzpflanzen, wenn eingeführt, gedeihen würden. Ein sprechendes Beispiel für diese Ansicht liefert uns die oben angeführte Maniokpflanze, die aus Amerika herübergebracht das tägliche Brot der Afrikaner geworden ist. Bisher war es im Ganzen dem Zufall oder vielmehr der Liebhaberei der Sklavenhändler an der Küste überlassen, was nach Afrika eingeführt werden sollte.

Wir sind der Ansicht, daß auch verschiedene Getreidesorten*) in diesen Gegenden gedeihen würden; denn wo

---

*) Wir wollen dahingestellt sein lassen ob durch Getreidebau der tropische Boden hinreichend ausgenutzt wird. Ob es sich nicht auch in Zukunft mehr lohnen würde Tropenpflanzen zu bauen, wie Baumwolle, Ricinus, Pfeffer 2c.; das wird von den Marktpreisen der Zukunft abhängig sein.

Gräser von doppelter Manneshöhe stehen, wo Mais wächst, müssen wohl auch die Körner tragenden Gräser anzubauen sein. Selbstredend darf man sich durch einige mißglückte Versuche, zumal durch solche von Laien angestellte nicht abschrecken lassen; es würde wahrscheinlich auch bei uns nicht einem jeden Comtoiristen gelingen beim ersten Versuch eine gute Roggenernte zu erzielen. Ebenso müßte man auch dort erst durch die Erfahrung lernen, zu welcher Zeit gesäet werden muß, welcher Boden sich am besten eignen würde, wie er bearbeitet werden müßte ꝛc.

Allein bleiben wir bei dem Thatsächlichen, um uns nicht etwa selbst den Vorwurf der Kolonialschwärmerei zuzuziehen.

Soviel haben wir als feststehend gezeigt, daß einer der einträglichsten Bäume der Welt, die Oelpalme, sowie eine andere äußerst werthvolle Pflanzengattung, die verschiedenen Kautschuk liefernden Pflanzen, einheimisch sind und bei wenig Mühe resp. verständiger Schonung einen bedeutend größeren Ertrag bringen können, als bisher. Man kann von einem solchen Lande auch nicht mit dem leisesten Schimmer von Berechtigung sagen, es sei unfruchtbar, und wenn wir bei dem schablonenmäßigen Versuchen dort dieselben Pflanzen wie in Indien oder Amerika anzubauen, hie und da keinen Erfolg gehabt haben, so liegt die Schuld eben an uns, die wir die verschiedenen Verhältnisse nicht mit in Rechnung gezogen haben.

Während in Indien und Südamerika ein großer Theil des Bodens aus tiefen Humusschichten besteht, finden wir im tropischen Afrika nur an wenigen Orten eine stärkere

Humusschicht; in den meisten Gegenden tritt der Laterit bis an die Oberfläche. Selbst der mächtige Strom, der Congo hat nicht, wie man von vorn herein annehmen sollte, ein ausgedehntes humusreiches Ueberschwemmungsgebiet. Dieses von vornherein vielleicht räthselhaft erscheinende Verhalten erklärt sich ganz natürlich durch die Lage des Congo. Da sein Lauf in der Richtung von Ost nach West ungefähr mit dem Aequator zusammenfällt, so bekommt er sowohl von der nördlichen wie von der südlichen Hemisphäre gleich viele Zuflüsse; ist nun in der Einen die Regenzeit eingetreten so ist in der Anderen Trockenzeit, auf diese Weise bleibt die Wassermenge des Congo im ganzen Jahre annähernd dieselbe.

Allein aus dem Mangel an Ueberschwemmungsgebieten und überhaupt an humusreichen Gegenden auf Unfruchtbarkeit dieser Länder zu schließen ist ein Trugschluß.

Man darf unsere aus dem gemäßigten Klima übernommenen Begriffe von fruchtbarem, gutem Boden nicht auf die äquatorialen Länder übertragen. Ein Boden, der in unserem Klima unfruchtbar wäre, kann unter der tropischen Sonne bei genügender Feuchtigkeit außerordentlich ertragsfähig sein.

V. Capitel.

Die Viehzucht.

Die Rinder von Tschintschotscho. Rinder und Esel in Vista. Das Pferd in Vista. Rinder in Boma. Futterbau. Unser Wild. Die verzehrten Rinder und Brieftauben. Rinder in Angola und Mossamedes. Schlußfolgerungen.

Nachdem wir die Kulturpflanzen jener Gegenden besprochen und gewiß nicht trotz ganz objectiver Schilderung den Eindruck einer besonderen Unfruchtbarkeit dieser Länder hervorgerufen haben, wollen wir uns jetzt der Thierwelt zuwenden.

Wie uns von der Flora bei dieser Besprechung nur die hauptsächlichsten Export- und Nährpflanzen interessirten, so werden wir von der Fauna auch nur die uns nützlichen Hausthiere besprechen. Wir wollen untersuchen, ob die klimatischen Verhältnisse zusammen mit der Vegetation rationeller Weise Viehzucht zulassen.

In den ganzen von uns ins Auge gefaßten Ländern ind Schafe, Ziegen und Schweine einheimisch; wenn dieselen nicht in größeren Heerden vorhanden sind, so liegt dies ben an den schon angeführten Ursachen, die überhaupt eine Ansammlung von Besitz ausschlossen. Es ist jedoch kein Grund vorhanden, daß diese Thiere, sobald es die allgemeien politischen Verhältnisse zulassen, sich nicht in demselben Maße wie bei uns vermehren sollten. Nicht ganz so einach liegt die Beantwortung dieser Frage bei dem Großvieh. Hier stehen sich mehrfache mißglückte Versuche in gewissen

Gegenden Vieh einzuführen der auf den ersten Blick räthselhaften Erscheinung gegenüber, daß in nächster Nähe dieser Orte große Viehheerden prosperirten.

Einer der bekanntesten mißglückten Versuche Rindvieh an der Westküste zu halten ist der der deutschen Loango-Expedition in Tschintschotscho; dieselbe kaufte 11 stattliche Ochsen in Loanda, das ebenfalls an der Westküste nur etwa 4 Breitengrade südlicher als Tschintschotscho gelegen ist. Nach wenigen Wochen waren sämmtliche Ochsen bis auf einen, der wahrscheinlich in Folge eines Schlangenbisses gestorben war, an dysenterischen Erscheinungen zu Grunde gegangen. Nur einige Meilen von diesem Orte entfernt in Landana prosperirte eine kleine Rinderheerde nach wie vor. Schon dieser Umstand giebt zu denken Veranlassung. Liest man jedoch die Beschreibung in den Berichten der Loango-Expedition, so wird man zur Genüge darüber aufgeklärt, daß weder das Klima noch etwa die gefürchtete Tsetsefliege an dem Tode dieser Thiere Schuld war. Die Expeditionsmitglieder haben die Ursachen für das Hinsiechen der Thiere auch ganz richtig erkannt; doch leider zu spät um den einmal eingetretenen Folgen noch Abhülfe verschaffen zu können. Dr. Falkenstein*) schreibt hierüber: „Die dysenterischen Erscheinungen, die nun hervortraten, wurden zweifellos durch das Futter hervorgerufen, da die schilfartigen Gräser zu wenig Nährkraft besassen und den Verdauungskanal reizten; doch war es fraglich, ob eine durchgreifende Aenderung der Kost würde durchgeführt werden können, und

---

*) Die Loango-Expedition. II. Abtheilung von Dr. J. Falkenstein. Leipzig: P. Froberg.

ob sie noch Hülfe brächte. Die Thiere hatten selbst darauf hingewiesen, was ihnen fehlte, indem sie vom Weidewege ausbrachen und in den Maniok- oder Maisplantagen der Eingeborenen nach kräftigem Futter suchten."

Einen ganz analogen Fall hatten wir selbst 10 Jahre später Gelegenheit zu beobachten. In Vista, auch wiederum nur einige Meilen von Tschintschotscho entfernt und zwar nach Süden gelegen, hielt das holländische Haus eine große Rinderheerde von c^a^. 150 Stück Vieh, außerdem viele Esel und einen Ponny aus Madeira. Die Thiere waren bis dahin sehr gut gediehen und hatten sich zu dieser ansehnlichen Zahl vermehrt, als im Oktober 1883 sämmtliches Vieh abmagerte und ein Stück nach dem anderen fiel. Wir machten den Factoreichef darauf aufmerksam, daß hier von einer ansteckenden Seuche, wie natürlich sofort angenommen wurde, überhaupt nicht die Rede sein könne, weil neben dieser Heerde eine kleinere der Landeskönigin gehörige Heerde sich in außerordentlich gutem Zustande befand. Da diese Thiere auf der Weide des Oefteren mit den Elenden zusammenkamen, hätte die Krankheit, falls sie ansteckend war, auch auf diese übertragen werden müssen. Das Räthsel der Erkrankung war aber leicht gelöst; es herrschte wegen abnorm großer Trockenheit ein außerordentlicher Futtermangel. Während nun die Heerde der Königin mit Liebe gepflegt wurde und weit und breit die Orte aufsuchen konnte, wo die günstigeren Wasserverhältnisse etwas saftiges, kräftiges Futter wachsen ließen, ja wohl auch einmal die Felder der Eingeborenen besuchte, wurde die große Heerde geschäftsmäßig immer wieder auf die dürren Weideplätze geführt. Als wir dem Factoreichef empfahlen, er möchte doch von den täglich eingehandelten Grundnüssen dem Vieh etwas Zufütterung geben, wurde dieses Ansinnen mit der Motivirung abgeschlagen, daß er dazu kein Recht hätte und sich eventuell von seinem Prinzipal Vorwürfe zuziehen würde. Nur bei dem ihm persönlich gehörigen Ponny befolgte er unseren Rathschlag und fütterte denselben mit gequollenen Erbsen. Der Erfolg war wunderbar. — Als wir vier Wochen später wieder nach Vista kamen, war der Ponny, der seiner Zeit kaum noch im Stande war, sich fortzubewegen, kräftig, übermüthig und rund gefüttert! Von den Rindern und Eseln war inzwischen eine große Zahl gestorben, während vier Esel, die eine kleine Tagereise von Vista entfernt in Banana gehalten und gepflegt wurden, rund und frisch blieben und uns durch ihren Uebermuth oft amüsirten.

Zur selbigen Zeit erkrankten auch die Rinder in Boma, das am unteren Congo gelegen ist. Hier existirten damals zwei größere Rinderheerden, die eine gehörte ebenfalls dem holländischen Hause, die andere einem Portugiesen, Senhor Azevede. Letzterer lud, sobald sich die ersten Symptome einer Krankheit bei seinen Thieren zeigte, die sämmtlichen Rinder in Segelschiffe und fuhr sie nach einer anderen Stelle am Congo, wo bessere Futterverhältnisse waren. Ihm ist kein Stück Vieh gestorben, während dem holländischen Hause eine größere Zahl fiel, ein Opfer — nicht des Klimas — sondern dieses unglücklichen laisser aller in Afrika.

An keinem Orte der Erde stellt man die Anforderung, daß Vieh jahraus jahrein ohne irgend eine Fürsorge des Menschen auf demselben Flecke gedeihen muß. Entweder das Vieh wird von einem Orte zum anderen geführt, man sucht für dasselbe immer wieder neue günstige Futterplätze auf, oder man sorgt durch Futterbau auch für die schlechten Zeiten. — In Afrika hält man dergleichen selbstverständlich für überflüssig!!

Es herrscht für keinen objectiven Beobachter der geringste Zweifel darüber, daß in den angeführten Fällen die Thiere an den Folgen des knappen und schlechten Futters, also Hungers gestorben sind. Man wird sich daher auch in Afrika dazu verstehen müssen, wenn man nicht mit dem Vieh umherziehen will, entweder im Anfang der Regenzeit von dem jungen Grase Heu zu machen, oder eine Futterpflanze einzuführen, die während des ganzen Jahres grün bleibt; dann hat man eine Zufütterung zu dem dürren Grase in der Trockenzeit und wird sich sein Vieh auch in ungünstigen Jahren erhalten können.

Wir möchten vergleichsweise noch darauf hinweisen, daß auch in unserem Klima bei strengem Winter eine große Zahl von Wild, das nicht besonders gepflegt wird, an Futtermangel umkommt; es wird daraus trotzdem Niemand den Schluß ziehen, daß z. B. Hirsche und Rehe bei uns nicht gedeihen können.

Außer den angeführten giebt es noch andere Beispiele, die gegen das Fortkommen des Rindviehs in diesen Gegenden geltend gemacht sind. In diesen Fällen ist es dann am Hunger — der Europäer gestorben. Auf solche Weise sind verschiedene Versuche des Congostaates, Vieh einzuführen einerzeit mißglückt. Auch diese Todesfälle sind auf das Conto des ungünstigen Klimas gesetzt worden, indem die bei solchen Gelegenheiten nach Europa gesandten Berichte, stets lauteten: die Thiere wären gestorben. Erst viel später ist es dann entweder durch Ausplaudern oder durch genaue Untersuchung festgestellt worden, daß diese Thiere dem Messer des Europäers zum Opfer gefallen waren. Sind doch sogar die Brieftauben in Vivi einem ähnlichen Schicksal nicht entgangen! So beklagenswerth solche Vorgänge sind, so wenig trifft die Europäer ein harter Vorwurf, denn Hunger thut weh.

Während nördlich vom Congo und am Flusse selbst entsprechend der kurzen Zeit, seit welcher diese Gegenden in größerem Maßstabe von Europäern besucht werden, Rindvieh nur sporadisch angetroffen wird, ist dasselbe in den südlich vom Congo gelegenen, älteren portugiesischen Kolonien Angola, Benguela und Mossamedes bis weit in das Innere hinein Allgemeingut der Einwohner geworden und als Transportmittel benutzt. Außerdem fanden wir auf unserer Reise*) in den Landstrichen westlich vom Quangofluß und an diesem selbst Rindvieh bei den Eingeborenen, die es auch von hier des Oefteren nach den Küstenländern zum Verkauf brachten. Endlich wollen wir nicht unerwähnt lassen, daß in allen diesen Gegenden wilde Rinder einheimisch sind.

Wir haben also gezeigt, daß Rindvieh, wie Esel im äquatorialen Westafrika recht wohl gedeihen können, und haben strikte den Beweis geführt, daß, wenn in einem besonders ungünstigen Jahre ein Theil der Thiere zu Grunde gegangen ist, dieser Verlust hätte vermieden werden können und, was wohl zu beachten ist, auch stets von einsichtigen

*) Von Banana zum Kiamvo von Dr. W. Wolff.

uten vermieden worden ist, also nicht als eine Schuld
abänderlicher Verhältnisse, sondern nur als eine Schuld
r Menschen angesehen werden muß.

VI. Capitel.

Der Geldmangel.

Es bleibt uns nun noch die letzte der Kolonisation
tgegenstehende Schwierigkeit zu besprechen übrig: der Geld-
angel.

In England, das durch seine Kolonien reich geworden
, und alte Erfahrungen gesammelt hat, ist stets hinrei-
end Geld für koloniale Zwecke vorhanden; andere Länder,
e im Verhältniß zu ihren ausgedehnten Kolonien klein
nd nicht hinreichend vermögend sind, können selbstverständ-
ch nur immer geringe Summen für die einzelnen Kolo-
ien verwenden; endlich Länder, die wie Deutschland noch
r keine oder sehr geringe Erfahrungen mit eigenen Ko-
nien gemacht haben, werden nicht von vornherein große
apitalien für die kolonialen Bestrebungen flüssig finden,
as Kapital wird zurückhaltend sein, man wird erst einen
rfolg sehen wollen, um dann Größeres zu wagen. Dies
t so natürlich wie nützlich; denn es wird nicht ausbleiben
nd ist nicht ausgeblieben, daß manches am falschen Ende
ngefaßt, Geld nutzlos vergeudet wird. Es sind auch wohl nicht

immer die richtigen Leute ausgewählt worden, die über Verwendung der Gelder zu bestimmen hatten. Man m erst eigene Erfahrungen sammeln und mit je gering Kapital, je billiger dies geschieht, um so besser. Ist erst e mal der richtige Weg gefunden, so wird auch das Kapi nicht mehr zurückgehalten; es werden reichliche Mittel f koloniale Zwecke zur Verfügung stehen. Dies ist bei d immer mehr fallenden Zinsfuß mit Sicherheit zu erwart

Es ist speciell für Deutschland die vorläufige Zurückh tung des Kapitals bei den kolonialen Unternehmungen e von Vortheil als zum Schaden, denn je weniger bisher den meist verfehlten Unternehmungen vergeudet ist, um mehr bleibt für eine praktische einträgliche Verwendu übrig. Wir wollen jedoch nicht vergessen zu erwähnen, d schon seit geraumer Zeit, namentlich bremer und hamburg unternehmende Kaufleute einen regen, einträglichen Hand an der tropischen Westküste mit recht bedeutenden Kapitali treiben.

VII. Capitel.

Schlußfolgerungen aus dem ersten Theile.

Wir glauben nun bis hierher gezeigt zu haben, daß ei objectiver, von allem Enthusiasmus freier Beurtheilung er eingangs genannten, den kolonialen Bestrebungen ent-egenstehenden Schwierigkeiten, dieselben einerseits auch ihre uten Seiten haben, andrerseits bei richtiger Würdigung och immer genügend Raum zu einer nutzbringenden Ver-werthung dieser Gegenden lassen.

Fassen wir noch einmal in kurzen Worten die Schlüsse, u denen wir gekommen sind zusammen, so sind dies folgende:

Der Europäer soll wegen des für ihn ungesunden Klimas nur der Aufseher und Leiter sein, nicht der Arbeiter.

Wegen der im Verhältniß zur Größe des Landes ge-ringen Einwohnerzahl soll vor der Hand mit größtmöglicher Sparsamkeit der Arbeit, dagegen ohne Berücksichtigung der Bodenverschwendung der Boden ausgenutzt werden; das ge-schieht durch Forstkultur und Viehzucht.

Das Land das nach unseren hergebrachten Begriffen von Bonität im Allgemeinen nur mittelmäßig, speziell humusarm ist, ist die Heimath der einträglichsten Erzeugnisse, der Oel-palme und der Kautschukpflanzen, ist ferner zur Viehzucht geeignet; es werden demnach beide vorhergestellten Forde-rungen in vollem Maße erfüllt.

Geld wird im Verhältniß zur Größe und zum Rei
thum des Mutterlandes genügend zu kolonialen Zwecken a
geboten sein, sobald eine wirklich praktische und nutzbri
gende Verwendung desselben zu erhoffen ist.

II. Theil.

Die Ueberwindung der Hindernisse.

VIII. Capitel.

Die Sklaverei.

Unterdrückung des Sklavenhandels. Sklaven der Eingeborenen. Jetzige Arbeiterverhältnisse.

Es handelt sich nun darum die Art und Weise festzustellen, wie ohne übermäßige Kosten mit möglichst sicherer Aussicht auf Erfolg Oelpalmenpflanzungen angelegt werden können, dem Abnehmen der Gummipflanzen vorgebeugt, und die Viehzucht zu einem Allgemeingute der Eingeborenen gemacht wird.

Die Grundbedingung für eine gedeihliche Entwicklung irgend welcher Art in Mittelafrika ist die Unterdrückung des Sklavenhandels nach Außen; sie ist die Vorbedingung zum Aufhören der Sklavenjagenden im Inneren und zur Herstellung von Frieden und Vertrauen.

Diese Bedingung wird augenblicklich erfüllt und zwar in der einzig möglichen Weise, durch ein Zusammengehen der europäischen Mächte. Nur wenn wir, die gesammten Vertreter der abendländischen Kultur, gegen die Muhamedaner, die augenblicklich noch einzigen Träger und Verfechter der Sklaverei in Afrika, vorgehen, ihren Einfluß breche und eine jede unseren Ansichten von Menschlichkeit wide sprechende Verbindung mit ihrem Mutterlande hindern, a diese Weise das Absatzgebiet der Sklaven abschneiden, i eine begründete Aussicht vorhanden diesem Krebsschade Afrikas beizukommen. Antisklavereikongresse einiger Huma nitätsschwärmer können bei Kennern der Verhältnisse nu ein mitleidiges Lächeln hervorrufen. Die Unterdrückung de Sklavenhandels ist eine Machtfrage, die nur durch Waffen gewalt, aber nicht durch Belehrung, Bekehrung und schön Redensarten aus der Welt geschafft wird. Vier groß Straßen führen uns an die Brutstätte der Sklavenjagden Der Nil, Niger, Congo und Sambesi. Sobald diese Straße vollständig in europäische Gewalt und in brauchbaren Zu stand gebracht sind, hat der Sklavenhandel den Stoß in da Herz bekommen und wird aufhören.

Wir sprachen mit Absicht nur von dem Sklavenhande nach Außen, nicht von der Sklaverei unter den Eingeborenen Hieran zu rütteln wäre vor der Hand gewiß nicht rathsam denn dieselbe ist, abgesehen von der Barbarei in einigen despo tisch regierten Ländern, für die Betroffenen nicht so unerträg lich, ähnelt vielmehr den Verhältnissen der Hörigkeit, wie sie be uns gewesen sind. Erst der Menschenhandel drückt dem Ver hältniß der Hörigkeit den Stempel der Sklaverei auf; es is daher vielleicht im Allgemeinen richtiger von Hörigen de Eingeborenen und Sklaven der Araber zu sprechen. Wür den wir eine Aenderung in dem Hörigkeitsverhältnisse de Eingeborenen unter einander durchsetzen, so würde dadurch eine sociale Umwälzung eintreten, deren Folgen wir nicht absehen könnten, die aber sicherlich uns vor der Hand auf lange Zeit schädigen würde. Es ist überhaupt rathsam für die Europäer sich möglichst wenig in die inneren Einrichtungen der Eingeborenen einzumischen. Dies ist nur geboten, in so weit es sich um unmenschliche Sitten, um Gefährdung des Lebens unserer Schützlinge handelt; und auch hier ist es rathsam nicht mit beleidigender Gewalt vorzugehen, sondern mit thunlichster Schonung der hergebrachten Anschauungen der Neger, die allerdings eine möglichst genaue Kenntniß derselben voraussetzt.

Im Ganzen genommen haben wir gar keinen Grund mit den Zuständen, wie sie augenblicklich bestehen, unzufrieden zu sein. Es sind im Verhältniß zu der Bevölkerungszahl genug Arbeiter vorhanden; es arbeiten die Hörigen, die Frauen und Kinder, es arbeiten ferner die unbemittelten Freien. Nur die vornehmen und reichen Herren verschmähen die schwere Arbeit, doch auch sie halten es nicht unter ihrer Würde, die Palmenbäume zu besorgen, die Hütten auszubessern, ihre Karavanen zu führen und vor Allem die Handelsgeschäfte zu leiten. Wir können der ziemlich allgemein verbreiteten Ansicht, als arbeite der Neger nicht, durchaus nicht beistimmen; er vermiethet sich nicht gern als Arbeiter beim Europäer, das ist richtig und sehr wohl zu verstehen, denn diese angestrengte, ununterbrochene Arbeit, bei strenger und harter Behandlung, wie sie der Europäer für seinen Lohn verlangt, ist nicht dem Charakter des Negers gemäß. Für unsere Zwecke ist es aber gleichgültig ob der Neger für sich oder im Lohn des Europäers arbeitet, wenn nur überhaupt eine nützliche Arbeit geleistet wird; der Arbeit des Negers aber die wünschens-werthe Richtung zu geben, das ist eine der Hauptaufgaben der Kolonialregierungen.

IX. Capitel.

Die Wegeverbesserung.

Gründe für Herstellung von Wegen. Die afrikanischen Flüsse. Wege durch Lastthiere erzeugt. Brücken und Fähren.

Nächst der Unterdrückung des Sklavenhandels ist die Herstellung von Wegen nothwendig und zwar aus vielen Gründen: erstens zum Zweck der Unterdrückung des Sklavenhandels, denn es ist klar, daß man ohne bekannte, gangbare Wege keine Machtentfaltung und somit auch seinen Wünschen keinen Gehorsam verschaffen kann; zweitens wegen der eigenen Sicherheit, denn je besser der Weg ist, um so schneller kann den einzelnen vorgeschobenen Posten oder Stationen eine wirksame Unterstützung zu Theil werden; drittens um den sogenannten Küstenring zu durchbrechen, d. h. die künstliche Absperrung der weiter im Innern wohnenden Eingeborenen durch die Küstenbewohner aufzuheben; dadurch wird Letzteren der einträgliche Zwischenhandel genommen, während sie selbst auf eine uns nützlichere Beschäftigung angewiesen werden; viertens um überhaupt entferntere Producte verwerthen zu können, denn je besser der Weg desto bequemer und desto billiger der Transport; fünftens endlich um menschliche Arbeitskräfte zu sparen. Da auf den Fußpfaden sämmtliche Waaren von den Eingeborenen getragen, auf besseren Wegen dagegen Lastthiere und Wagen als Transportmittel dienen können, liegt die Ersparniß an Menschen durch Herstellung brauchbarer Wege auf der Hand.

Nun sind wir allerdings nicht der Ansicht, daß es Aufgabe der betreffenden Regierungen sei, überall da, wo ein Kaufmann durch bessere Verkehrsstraßen einen Vortheil erzielen kann, dieselben auf ihre Kosten herzustellen; in solchen Fällen ist es Sache des Unternehmers resp. der Gesellschaften nach Abwägung der Vortheile und Kosten eine eventuelle Wegeverbesserung selbst vorzunehmen. Wo dagegen durch Herstellung eines Weges ein großes Productions- und Absatzgebiet eröffnet wird, da ist es Sache der betreffenden Regierung diese Verbindung auf ihre Kosten zu bewerkstelligen und nöthigenfalls, d. h. bei der sicheren Voraussicht eines in naher Zukunft lohnenden Verkehrs, durch einen Schienenstrang.

Gerade im äquatorialen Afrika ist es ein gewöhnliches Verhalten der Flüsse, daß die Schifffahrt nicht weit von der Küste entfernt durch Wasserfälle und Stromschnellen verlegt ist, hinter diesen Hindernissen ist meistens der Fluß dann wieder auf weite Strecken schiffbar. In solchen Fällen den Ober- und Unterlauf eines Flusses durch einen brauchbaren Weg zu verbinden, ist von allgemeinem Interesse. Ein eklatantes Beispiel hierfür bietet der größte der äquatorialen Flüsse, der Congo. Nur eine kurze Strecke von seiner Mündung aufwärts bis Vivi ist derselbe schiffbar, um dann auf einige hundert Kilometer durch Stromschnellen und Felsblöcke unfahrbar zu werden, dagegen hinter dieser Strecke von Stanleypool an ist er selbst sowohl in seinem ungeheuren Verlaufe ca. 2000 Kilometer bis zu den Stanley-Fällen, als auch die große Zahl der bedeutenden Nebenflüsse schiffbar. In richtiger Erkenntniß der außerordentlichen Wichtigkeit einer Verbindung der verlegten Strecke von Stanleypool bis Vivi, resp. dem gegenüberliegenden Matadi hat Belgien beschlossen, diese beiden Punkte durch eine Eisenbahn zu verbinden.

Die Wege im Allgemeinen können durch ein ebenso einfaches als nützliches und sicheres Mittel verbessert werden. Wenn wir dessen eingedenk sind, daß die im Ganzen äquatorialen Afrika bestehenden Wege durch Menschen, die jetzigen Lastthiere getreten sind und daher auch keine größere Breite einnehmen, als die Füße eines Menschen sie beanspruchen, so ist es wohl einleuchtend, daß alsbald breitere Wege entstehen werden, sobald Beförderungsmittel, die einen größeren Raum beanspruchen, sich einbürgern. Wir sind der Ansicht, daß mit der Einführung und allgemeinen Verbreitung von Rindern und Eseln als Reit- und Zugvieh die Wege ohne Zuthun der Europäer verbessert werden. An Flüssen die nicht durch Furten zu passiren sind würden dann, anstatt der jetzt üblichen schmalen Canoes breite Fähren, welche die Eingeborenen bald zu verfertigen lernen würden, stationirt sein; wo auch diese nicht zu benutzen sind und jetzt von den benachbarten Eingeborenen Brücken für Fußgänger hergestellt sind, würden dieselben gegen das Recht eines bestimmten Brückenzolls sicherlich recht gern für Wagen resp. zweirädrige Karren brauchbare Brücken herstellen. Wo weder eine Furt vorhanden, noch Fähren oder Brücken angebracht werden können, bei besonders schwierigen Terrainverhältnissen, bleibt dann immer noch die alte Methode übrig die Waaren mitsammt dem Wagen, der so eingerichtet sein muß, daß er leicht auseinander zu nehmen ist, über die unfahrbaren Stellen hinüberzutragen.

X. Capitel.

Bekämpfung des Raubbaues der Neger.

Das Interesse des Kaufmanns und die Pflicht der Regierung. Der ehrliche Handel mit den Eingeborenen. Einfuhrzoll. Wirthschaftliche Schulen. Versuchstation. Primitive Geräthschaften. Ausbildung der Neger in Europa. Der Europäer ein Raubthier. Verpflichtung des Europäers zur Kultivirung des Landes. Die Höhe des Zolls.

Allein mit der Verbesserung der Verkehrsstraßen dringt der Europäer immer weiter in das Innere ein und mit dem Vordringen des Europäers hält vielfach ein Unglück für das Land gleichen Schritt. — Der Raubbau der Eingeborenen! Es treten im tropischen Afrika nicht dieselben Folgen mit dem Vordringen des Europäers ein, wie z. B. in Amerika. Hier zog sich der Eingeborene vor demselben zurück, wurde zum Theil vernichtet und überließ ihm die Ausbeutung des Landes. In Afrika schwindet der Eingeborene vor dem neuen Usurpator zu unserem Glücke nicht; auch soll es gerade im Gegentheil unsere größte Sorge sein ihn uns zu erhalten. Allein verführt durch die Verlockungen des Europäers, ver=

kauft er nicht nur das, was durch jährliche Production wieder ersetzt wird, sondern ohne Rücksicht auf spätere Zeiten Alles was überhaupt vorhanden ist. Der europäische Kaufmann wiederum hat kein Interesse für die späte Zukunft zu sorgen, und wollte er es selbst, so würde ihn die Concurrenz daran hindern. Solange nur einige Europäer sich an der Küste festgesetzt hatten, war der Raubbau ziemlich bedeutungslos, denn er betraf nur die Küstenstriche, sind dagegen die Wege nach dem Innern geebnet, so würde dieses Raubsystem das größte Unglück für die Entwicklung der afrikanischen Verhältnisse werden. Es ist daher die vornehmste Pflicht der Kolonialregierungen dem Raubsystem möglichst Einhalt zu thun und für die Zukunft zu sorgen. Nichts kann aber in Zukunft der kolonialen Entwicklung mehr schaden, als die übertriebenen Vorstellungen von den unerschöpflichen Reichthümern in Afrika.

Man wird gewiß erstaunt fragen, wie soll dem Raubsystem der Neger Einhalt gethan werden, können wir den Neger verhindern eine Kautschukliane im Urwalde zu zerstören oder sein letztes Schaaf zu verkaufen? Gewiß nicht. Allein wir kommen viel leichter zum Ziel: Sollen zwei Länder, die in engen Handelsbeziehungen mit einander stehen, sich gedeihlich entwickeln, so ist dazu eine unumgängliche Vorbedingung, daß für eine jede Leistung eine annähernd entsprechende Gegenleistung geliefert wird. Seien wir nun einmal ehrlich, was bieten wir denn dem Neger als Ersatz für seine Producte? Sind es nicht fast alles ganz schlechte, unbrauchbare, nur auf Unkenntniß berechnete, überflüssige Gegenstände? Es ist durchaus nicht zu wenig, was wir geben; dafür hat die Concurrenz schon gesorgt, zumal wir die Waaren nach dem Werthe bezahlen, den sie bei uns in einem hoch kultivirten Lande bei theurem Grund und Boden und theuren Arbeitslöhnen haben; was wir aber geben ist Schund. Bieten wir einmal dem Neger anstatt des schlechten Schnapses und der gestärkten, fadenscheinigen, bedruckten Cattune, die er nicht nöthig hat, nützliche Gegenstände! Man mag vielleicht einwenden, daß er diese Gegenstände verlangt und für sie arbeitet, allein man bedenke, daß er nur das verlangen kann, was er kennt, und nur das erlangen kann, was wir ihm geben wollen, es daher ganz in unsere Hand gelegt ist, seiner Kulturentwicklung die gewünschte Richtung zu geben. Bisher haben wir stets nur auf die kindlichen und schlechten Charaktereigenschaften des Negers spekulirt, spekuliren wir einmal auf die guten und wecken sie thunlichst, so werden wir uns selbst den größten Dienst erweisen. Es bedarf nur des gemeinsamen Vorgehens der benachbarten, kolonialen Regierungen und der Neger wird für nützliche Gegenstände mehr arbeiten, als jetzt für den überflüssigen und schädlichen Tand. Man lege auf diesen unnützen Kram einen hohen Einfuhrzoll, während man brauchbare Gegenstände wie Eisen, Kupfer, Messing, Ackergeräthschaften, Handwerkszeug 2c., Vieh zollfrei oder billig einführen läßt, dann hat der Neger und somit das Land auf jeden Fall einen entsprechenden Ersatz für seine Producte. Selbstverständlich ist eine Vorbedingung hierzu, daß es einer jeden Regierung gestattet, ja unter Umständen geboten sei einen bestimmten Einfuhrzoll*) zu erheben.

*) Der Congostaat hat sich auf der Berliner Conferenz verpflichten müssen, in den ersten 20 Jahren seines Bestehens keine Einfuhr-

Allein es ist nicht genug, daß dem Neger die verschiedenen nützlichen Gegenstände angeboten werden, er muß auch die Nutzanwendung derselben kennen lernen, er muß täglich sehen können, wie der Europäer dieselben verwendet. Hierzu ist es nothwendig, daß die Kolonialregierungen eine Art von wirthschaftlichen Schulen einrichten, wozu sich die militair- oder wissenschaftlichen Stationen sehr gut eignen. In gewisser Beziehung sollte eine jede größere Factorei zugleich eine Schule für die Eingeborenen sein, insofern auf derselben einige Handwerker stets nöthig sind, wie Böttcher, Schmiede und hoffentlich bald auch Stellmacher. Ferner wäre es für die Missionen eine sehr dankbare Aufgabe, wenn in denselben die Kinder, wie die Erwachsenen etwas mehr als bisher im Ackerbau und den Handwerken unterrichtet würden. Diese verschiedenen Schulen würden gleichsam den Krystallisationskern abgeben, von dem aus die Kultur ausstrahlt, an den sich die Negerkultur ansetzt. Ferner ist es wünschenswerth, daß in jeder größeren Kolonie eine landwirthschaftliche Versuchstation vorhanden ist; dieselbe sollte nicht etwa von einem Gelehrten geleitet sein, sondern von einem Praktiker, von einem strebsamen Bauer oder Gärtner; sie soll dazu dienen überhaupt erst festzustellen, welche Feldfrüchte in dem Lande gedeihen können; ob

---

zölle zu erheben. Es sollte dadurch die Bevorzugung eines europäischen Staats im Handel verhindert, und die Gleichberechtigung sämmtlicher interessirter Mächte gesichert werden. Vielleicht läge es sowohl im Interesse des Congostaates wie der betheiligten, europäischen Mächte, diese Bestimmung zu annuliren und anstatt derselben Einfuhrzölle in der von uns vorgeschlagenen Weise auf überflüssige Gegenstände, selbstredend ohne Bevorzugung eines Staats, einzuführen.

ein oder die andere Futterpflanze für das Vieh eingeführt werden kann; sie könnten ferner Samen oder junge Pflanzen (die jungen Oelpalmen) umsonst, oder gegen eine geringe Entschädigung an die Eingeborenen abgeben; endlich würden dort Zuchtversuche mit Vieh aus anderen äquatorialen Ländern angestellt werden können. Auch sollten nicht Ackergeräthschaften angewendet werden, wie wir sie in den kultivirtesten Theilen von Europa benutzen, die, wenn zerbrochen, dort verkommen oder womöglich erst nach Europa zur Reparatur gesandt werden müssen, nein die einfachsten Geräthschaften, wie wir sie vor hundert Jahren gebraucht haben, und wie sie noch zum Theil jetzt in den weniger kultivirten Gegenden Europas in Gebrauch sind; Geräthschaften, die man sich möglichst selbst herstellen, oder doch wenigstens repariren kann. Diese werden sich leicht und schnell bei den Eingeborenen einbürgern.

Ein weiteres Mittel um den Neger in praktischen Handwerken zu unterrichten, ist der Aufenthalt in Europa; nur sende man ihn hier nicht als Schaustück her, oder behandle ihn als einen vornehmen Gast; dadurch verdirbt man ihn nur, macht ihn dummstolz und erschwert sich selbst den Umgang mit ihm. Man schicke ihn in kleine Städte oder auf das Land, lasse ihn in Militairwerkstätten, eventuell auf größeren Kriegsschiffen lernen; man sende ihn nicht in zu rauhes Klima und lasse ihn spätestens wieder nach zwei Jahren in die Heimath zurückkehren. In seinem Heimathsdorfe wird er dann alsbald, zumal wenn man ihm das nöthige Handwerkzeug giebt oder nur vorschießt, das gelernte Handwerk verwerthen und weiter verbreiten.

Es sollte ferner das Augenmerk darauf gerichtet werden daß die Europäer sich ihren Lebensunterhalt möglichst selbst bauen und heranziehen, soweit sie ihn nicht von Europa bekommen. Denn durch nichts verdient der Neger so leicht als durch den Handel mit den täglichen Bedürfnissen des Europäers, je leichter er aber verdient, desto weniger ist er selbstverständlich geneigt zu arbeiten; auch dient dieser Handel keinem besonders nützlichen Zweck, zumal was den Verkauf von Hausthieren betrifft.

Der Europäer in Afrika gleicht einem Raubthiere; einige wenige Europäer verzehren in kurzer Zeit sämmtliches Vieh der Eingeborenen in der Umgegend, zumal sie jeden Preis dafür zahlen, sobald es knapp wird; selbstverständlich schädigen sie hierdurch das Land. Die betreffenden Regierungen sollten daher in der Weise Bestimmungen treffen, daß jeder ansässige Europäer eine gewisse Menge Vieh halten, eventuell eine bestimmte Zahl von Oelpalmen pflanzen müßte und kein weibliches Vieh von den Eingeborenen kaufen dürfte. Dadurch würde erstens dem Aussaugen des Landes seitens der Europäer ein Riegel vorgeschoben, zweitens den Eingeborenen ein gutes Beispiel gegeben, endlich letzteren Gelegenheit geboten Vieh von den Europäern einzuhandeln um es selbst weiter zu züchten.

Sollte an irgend einem Flecken eine größere Ansammlung von Menschen, zumal von Europäern nöthig werden, so wäre es eine große Unterlassungssünde, wollte man nicht für Fleischzufuhr von Außen sorgen, denn in diesem Falle würde der Viehstand des Landes in großer Ausdehnung auf Jahrzehnte hinaus ruinirt werden.

In manchen Gegenden, zumal am unteren Congo haben einige Europäer das ganze Küstenland gekauft, entweder um sich vor Konkurrenz zu schützen oder auf Speculation und lassen es unbenutzt liegen; dies ist selbstverständlich ein großer Nachtheil für das ganze Land. Es wird neuen Kaufleuten erschwert sich niederzulassen und gerade die Küstenstriche, die Orte, von denen naturgemäß die Kultur sich weiter nach dem Innern fortpflanzen soll, liegen öde und unbenutzt da. Ein Gesetz, welches im Verhältniß zur Größe des Landbesitzes eine bestimmte Menge Oelpalmenpflanzungen anzulegen oder Vieh zu halten verlangt, wäre hier gewiß am Platze.

Man glaube nur nicht, daß dies etwa unerfüllbare Forderungen wären, im Gegentheil, der Handel an der afrikanischen Westküste verträgt jeden Zoll, es muß nur der Kaufmann vor Konkurrenz seiner Nachbarn geschützt sein. Es müssen also benachbarte Regierungen, die ein gemeinsames Absatzgebiet haben, auch gemeinsame diesbezügliche Anordnungen erlassen. Augenblicklich bezieht der Afrikaner so wie so die europäischen Erzeugnisse durch die heftige Konkurrenz der europäischen Kaufleute und durch die Fortschritte unserer Industrie schon bedeutend billiger als vor zehn bis zwanzig Jahren. Es wäre daher nur von Vortheil für das Land, wenn der Neger für seine Arbeit wie für seine Producte ein geringeres, dafür aber nützliches Aequivalent bekäme als augenblicklich.

XI. Capitel.

Die Steigerung der Productionsfähigkeit des Landes.

Prämiensystem der Regierung und des Privatunternehmens. Einfuhr von Vieh. Kosten einer Plantage. Mißernten.

Suchen wir einerseits die Landesproducte thunlichst billig zu erhalten, so soll es auf der anderen Seite wieder unsere größte Sorge sein, die Productionsfähigkeit des Landes möglichst zu steigern. Das Hauptmittel zur Erreichung dieses Zweckes wird eine Art von Prämie sein, die die Regierung den Negern für Oelpalmenpflanzungen giebt. Dies kann z. B. in folgender Weise geschehen: Die Regierung verspricht jedem Dorfhäuptling oder anderem einflußreichen Manne für einen oder zwei Hectare Palmenpflanzung ein Kalb oder eine Kuh; sind die Pflanzen zwei oder drei Jahre alt, erhält er die zweite Kuh, respective ein nützliches Ackergeräth; im siebenten Jahre, wenn die Palmen Früchte tragen, erhält er die dritte Prämie. Selbstverständlich bleibt die Pflanzung in seinem Besitze und darf auch vor einer gewissen Zeit nicht von einem Europäer erworben werden, dagegen steht es jedem europäischen Unternehmer frei, ähnliche Contracte mit Negern zu machen, mit dem Unterschiede natürlich, daß die Pflanzungen dem Europäer gehören. Das Vieh, das der Neger von der Regierung als Prämie erhält, wird durch einen Stempel im Horn oder in der Haut kenntlich gemacht und darf selbstverständlich von keinem Europäer gekauft werden; der Neger schlachtet es nicht, dazu ist er ein viel zu sparsamer und auch enthaltsamer Mann, im Gegentheil, er wird es sicherlich gut pflegen, um durch Zucht möglichst Vortheil aus ihm zu ziehen. Durch dieses Prämiensystem werden zwei Fliegen mit einer Klappe geschlagen; es werden Pflanzungen erzeugt, es wird die Viehzucht gehoben, ja noch mehr, es wird die Weide unter den Bäumen und mit der Zeit der Acker überhaupt besser werden. Das Vieh muß selbstredend aus möglichst ähnlichem Klima oder aus benachbarten Ländern importirt werden. Rindvieh ist aus Benguela, Massamedes und Damaraland in genügender Menge zu beziehen. Esel und vielleicht auch Zebus aus Senegambien.

Die Kosten belaufen sich nicht besonders hoch; in der Wallfischbai kostet ein Stück Rindvieh ca. 30 Mk. in Waaren. Wenn wir bei gesteigerter Nachfrage inclusive Transportkosten bis zu der betreffenden Kolonie jedes Stück 100 Mk. rechnen, so würden drei Prämien der Regierung ca. 300 Mk. kosten. Zwei Hektare zu 600 Bäumen liefern jährlich 1764 Kg. Palmöl und ca. 2304 Kg. Palmkerne im Werthe von durchschnittlich 1500 Mk. Wenn die Regierung nun ungefähr 20 pCt. des hierfür gelieferten Werthes an Waaren als Zoll erhebt, so hat sie immerhin schon im zweiten Jahre des Ertrages, also im siebenten Jahre nach ihrem ersten ausgelegten Gelde, ihre Prämien mit Zinsen zurückerstattet erhalten. Entsprechend theurer würde naturgemäß dem europäischen Privatunternehmer die Herstellung einer Palmenplantage zu stehen kommen; dafür ist sie dann aber sein Besitzthum, und hat er später nicht jahraus jahrein die hohen Einfuhrzölle wie der Eingeborene auf die europäischen Tauschwaaren zu zahlen, da er seine Producte entweder an Ort und Stelle gegen Geld verkauft, oder nach Europa schafft; er hat nur einen Ausfuhrzoll auf dieselben zu tragen.

Die Methode, die Plantagen durch einflußreiche Neger gegen Leistung einer Prämie gleichsam in Akkord herstellen zu lassen, scheint uns aus den schon früher besprochenen Gründen rathsamer und billiger, als Neger unter Leitung des Europäers für Tagelohn arbeiten zu lassen. Allein bieten sich billige Arbeitskräfte an, so wird man unter Umständen auch auf diese Weise leicht zum Ziele kommen. Es lassen sich hierüber keine bestimmten Vorschriften geben, da die Verhältnisse in den einzelnen Ländern zu verschieden sind, auch in demselben Lande sich mit der größeren Vertrautheit des Negers mit dem Europäer oder dem Ausfall der Ernte ändern. Sind die Feldfrüchte knapp gerathen, so bieten sich sehr viele Neger zur Arbeit an, ist eine gute Ernte gewesen, so haben sie erstens selbst mehr Beschäftigung, zweitens verdienen sie aus ihren Erträgen genügend ihre Ansprüche befriedigen zu können. Gerade in den Tropen können die jeweiligen Ernten sehr verschieden ausfallen; so reich der Ertrag bei hinreichender Feuchtigkeit ist, so dürftig kann er bei großer Trockenheit sein; ein lang andauernder Wassermangel läßt bei der großen Hitze alle Feldfrüchte verdorren. Am wenigsten haben in solchen Zeiten die Bäume zu leiden, diese werden auch in ungünstigen Jahren eine mäßige Ernte bringen und das Volk vor Hunger schützen.

Die Palmenplantagen haben noch den besonderen Vorzug, daß die Pflege der Palmen eine Männerarbeit ist, während sonst die Feldarbeit von den Frauen und Kindern besorgt wird.

XII. Capitel.

Die Besitzverhältnisse der Eingeborenen und der Europäer.

Aus unseren ganzen Betrachtungen geht hervor, daß wir den Eingeborenen im Besitze des Landes wissen wollen. Er ist nur im Stande mit Vortheil Pflanzungen anzulegen, wenn er sich hierzu die geeignetsten Plätze aussuchen kann; auch die Viehzucht verlangt ausgedehnte Strecken, um nach Bedarf die Futterplätze zur Auswahl zu haben. Den Europäern kann eigentlich nur soviel Land zugesprochen werden, als sie in der That benutzen. Wir haben schon oben erwähnt, daß durch die alleinige Erwerbung des Besitztitels seitens des Europäers der Kolonie ganz und gar nicht gedient ist. Ueberhaupt möchten wir darauf hinweisen, daß diese Erwerbung von Privatbesitz von den Eingeborenen in vielen Fällen doch recht zweifelhafter Natur ist, namentlich soweit sie vor der Besitzergreifung des Landes seitens der europäischen Staaten stattfand. Sehr häufig ist dieser sog. Kaufkontrakt nur ein Pachtverhältniß, da den Eingeborenen vielfach der Begriff des Bodenverkaufs fremd ist. Einen Werth erhalten diese Verträge mit den Eingeborenen von Europäern abhängiger Kolonien unserer Meinung nach erst durch die Bestätigung der betreffenden Regierung, allenfalls auch durch eine Art von Verjährungs- oder Gewohnheitsrecht.

XIII. Capitel.

Die Behandlung des Negers.

Falsche Vorstellung vom Neger. Selbstüberhebung des Europäers. Friedliche Beziehungen. Waffeneinfuhr.

Zum Schlusse wollen wir noch eines sehr wichtigen Factors für die gedeihliche Entwicklung einer afrikanischen Kolonie gedenken, nämlich die Behandlung der Neger seitens der Europäer.

Wenn wir schon oben als Richtschnur für die Kolonialregierung angegeben haben, sich möglichst wenig in die inneren Verhältnisse der Neger einzumischen, so soll hier mehr die Art und Weise des Umgangs des Einzelnen mit dem Neger betrachtet werden. Gewöhnlich wird in dem Europäer, noch ehe er mit dem Neger in Berührung gekommen ist, die Vorstellung erweckt, als sei der Neger eine weit unter ihm stehende, niedrige, verworfene Race, dumm, faul und gefräßig, ohne Ehrgeiz und Strebsamkeit, der nur wie ein Thier mit der Knute und Fußtritten behandelt werden darf. Die Europäer, die mit solchen Ideen nach Afrika kommen und sich nicht bald eines Besseren belehren lassen, werden der Entwicklung der Kolonien wenig förderlich sein.

Der Weiße soll den Neger als seinen Gehülfen bei dem großen Werke der Kulturverbreitung betrachten, als seinen Mitarbeiter, ohne dessen guten Willen er nichts zu erreichen im Stande ist.

Er soll ihn mit Liebe und mit Milde, mit Festigkeit aber nicht mit unnachsichtiger Strenge behandeln, sich nicht zu hoch über ihm stehend betrachten und mit Selbstüberhebung und Hochmuth auf die Schwächen des Negers herunter sehen; in der That hat er gar keine Ursache dazu, und sieht wohl den Splitter in des Andern Auge, doch nicht den Balken in dem Seinigen; ehe er abfällig urtheilt, möge er stets an seine Schwächen, an seinen Aberglauben denken.

Andrerseits soll der Weiße sich auch nicht zu gemein mit dem Neger machen, denn der Neger ist sehr schlau, und wie er schon längst den Glauben an die höhere Moral des Europäers verloren hat, möchte vielleicht auch der Respekt vor dem höheren Wissen des Europäers bei zu intimer Bekanntschaft mit ihm eine Einbuße erleiden. Es gehört ein großes Taktgefühl dazu den Neger richtig zu behandeln, darum möge man nie den Neger rohen und gemüthlosen Menschen unterstellen.

Wenn diese allgemeinen Regeln befolgt, und durch Eifersüchteleien rivalisirender europäischer Mächte nicht die Eingeborenen aufgestachelt werden, so wird es selten zu ernsten Zwistigkeiten mit denselben kommen. Warum sollte es auch? Die Neger verlangen unsere Industrieerzeugnisse, bezahlen uns dafür ihre Landesproducte, wir sind mit diesem Handel einverstanden, unterstützen sie möglichst ihre Production zu vermehren; das sind alles friedliche Zwecke, denen kein innerer Grund zu Zwistigkeiten innewohnt. Und sollten wirklich einmal Differenzen entstehen, so ist es unsere Schuld, falls wir den Negern die Mittel in die Hand gegeben haben, uns ernstlichen Widerstand leisten zu können.

Wenn wir den Neger schützen, so hat er keine Waffen nöthig und ohne Waffen kein Widerstand.

Diese Verhältnisse verstehen sich auf der äquatorialen Westküste Afrikas; an der Ostküste liegen sie wesentlich anders, insofern hier die Europäer erst die Araber verdrängen müssen um sich an ihre Stelle setzen zu können.

XIV. Capitel.

Schluß.

Wir glauben durch diese ganz vorurtheilsfreie Schilderung der Verhältnisse und durch unsere Folgerungen zü dem gewiß allseitig überzeugenden Schlusse gekommen zu sein, daß die eingangs erwähnten, der Kolonisation des äquatorialen Afrika entgegenstehenden Schwierigkeiten keine unüberwindlichen Hindernisse sind, sondern je genauer sie geprüft werden, desto mehr von ihren schlechten Seiten verlieren und in gewisser Beziehung sogar ihre recht guten Seiten haben.

Wir haben gesehen, daß das für Europäer ungesunde

Klima jener Gegenden von untergeordneter Bedeutung ist, da die Europäer nur vereinzelt dort leben sollen.

Wir haben gezeigt, daß ein Mangel an Arbeitskräften nur im Verhältniß zu den riesigen Flächen vorhanden ist, daß dagegen absolut genügend Arbeitskräfte zu Gebote stehen, um bei praktischer und einsichtsvoller Anstellung derselben einen hinreichenden Gewinn zu erzielen, ein Mehr an Arbeitskräften könnte eher schädlich als nützlich wirken und würde die Besitzergreifung der Länder sehr erschweren.

Wir haben ferner klar bewiesen, daß diese Länder, weit entfernt davon unfruchtbar zu sein, gerade die Heimath der einträglichsten Producte sind.

Wir haben die Mittel und Wege vorgeschlagen, wie die Productionsfähigkeit des Landes leicht vermehrt werden kann und dargethan, daß die hierzu nöthigen Kosten sich nicht zu hoch belaufen würden, sich sowohl für die Regierung als auch für Privatunternehmer bald reichlich lohnen würden.

An dieser Stelle möchten wir noch einmal besonders hervorheben, daß wir uns ganz frei von dem Kolonialfieber fühlen und absolut nicht den Enthusiasmus theilen, der Alles, was auf unsere Kolonien Bezug hat, in rosigem Lichte erscheinen läßt; wir stehen im Gegentheil gar nicht auf dem Standpunkte alles gut zu heißen was in dieser Hinsicht geschehen ist, speziell so, wie es ausgeführt ist; wir sind mit ziemlicher Reserve und der aus eigener Anschauung stammenden Kenntniß der afrikanischen Zustände an die Lösung unserer Aufgabe herangetreten; wenn wir trotzdem zu einer recht günstigen Auffassung der betreffenden Verhältnisse gekommen sind, so darf sicher angenommen werden, daß sie in hohem Grade berechtigt ist.

Sollten aber doch einmal leise Zweifel an dem Nutzen dieser Kolonien bei diesem oder jenem auftauchen, so möge er auf England blicken. England, das größte koloniale Reich, das durch seine Kolonien eine weltbeherrschende Stellung eingenommen hat und gewiß die größte Erfahrung in kolonialen Fragen besitzt, rivalisirt überall in Afrika mit den anderen Staaten und sucht möglichst große Länderstrecken unter seine Herrschaft zu bringen. Das praktische England aber wird sein Gut und Blut nicht zwecklos opfern. Nächst England sind wir aber von den europäischen Staaten am meisten auf einen kolonialen Besitz angewiesen; unser Land ist nicht reich, dagegen stark bevölkert, es kann nicht so viele Producte liefern, als die Bevölkerung zum Lebensunterhalt gebraucht, während der Ueberfluß an Industrieerzeugnissen von Jahr zu Jahr wächst. Wir sind auf ein fremdes Absatzgebiet unserer Arbeitsproducte angewiesen, bedürfen dagegen einer Zufuhr von Landesproducten von Außen. Es sucht aber ein jeder civilisirter Staat sich möglichst in seinen Bedürfnissen von dem anderen unabhängig zu machen, dadurch werden unsere alten Absatzgebiete immer kleiner; wenn wir daher nicht bei Zeiten für neue, von uns abhängige Absatzgebiete sorgen, werden wir es später bitter bereuen müssen. Wir werden dann mit Neid auf die Staaten blicken, deren Lenker in weiser Voraussicht ihr Land durch ausgedehnten Kolonialbesitz reich und glücklich gemacht haben.

Darum möchten wir unseren Landsleuten zurufen, speziell denen, die stets mäkeln und zaudern, wenn es sich um kleine

Opfer für die Kolonien handelt: Greifet zu, ehe es zu spät ist! Was heute*) noch mit leichter Mühe zu erlangen ist, kann vielleicht schon in kurzer Zeit gar nicht mehr, oder nur noch mit großen Opfern erreicht werden. Möge man stets der Worte des Dichters eingedenk sein: „Was du von der Minute ausgeschlagen, bringt keine Ewigkeit zurück".

*) Wenn es auch nicht in die Grenzen des uns gesteckten Zieles gehört, so können wir es uns doch nicht versagen auf ein Land des äquatorialen Westafrika hinzuweisen, dessen Besitz noch von besonderem Werth ist. Wir meinen Dahome, das nach Aufgabe des portugiesischen Schutzes, falls nicht geheime Abmachungen unter den europäischen Mächten existiren, wieder frei ist. Wer den König von Dahome gewinnen kann, hat sicherlich einen Schatz gegraben. Hier liegen die Verhältnisse wesentlich günstiger als im übrigen Westafrika, insofern reichliche Arbeitskräfte vorhanden sind, und vom König auch in jeder gewünschten Richtung ausgenutzt werden können. Ist einmal der König überzeugt worden, daß Vorschläge, wie wir sie zur Erhöhung der Productionsfähigkeit des Landes gemacht haben, für sein Reich und für ihn persönlich von Vortheil sind, so hat er auch die Macht seine Bevölkerung zur Ausführung derselben anzuhalten. Bis jetzt soll der König jährlich hunderte, ja tausende von Sklaven abschlachten lassen, und zwar soll er dieses Morden damit motivirt haben, daß er gezwungen sei die Sklaven zu tödten, da die Europäer ihn an dem Verkauf derselben verhinderten. Lehren wir ihm nun, wie er die Sklaven besser verwerthen kann, so leisten wir gleichzeitig uns, dem König von Dahome und der Humanität den größten Dienst.

Druckfehler-Berichtigung.

S. 9	Z. 3 v. u.	lies	ernten	statt	erndten
" 17	" 3 v. u.	lies	nachhaltigerem	statt	nachhaltigem
" 18	" 8 v. o.	lies	unberechenbare	statt	unberechenbarer
" 25	" 4 v. o.	lies	an	statt	in.

FSC
www.fsc.org
MIX
Papier | Fördert gute Waldnutzung
FSC® C083411

Kolibri 360 GmbH
Ferdinand-Jühlke-Straße 7
99095 Erfurt, Deutschland
produktsicherheit@kolibri360.de